U0359012

MathStart®
洛克数学启蒙 2

嘀嘀，小汽车来了

[美]斯图尔特·J. 墨菲　文　[美]克里斯·德马雷斯特　图　吕竞男　译

认识规律

献给克丽斯廷和阿尼——用亲亲和抱抱走向美好的未来。

——斯图尔特・J. 墨菲

献给伊桑。

——克里斯・德马雷斯特

著作权合同登记号：图字 13-2023-038号

图书在版编目（CIP）数据

洛克数学启蒙. 2. 嘀嘀，小汽车来了 / (美) 斯图尔特・J.墨菲文；(美) 克里斯・德马雷斯特图；吕竞男译. -- 福州：福建少年儿童出版社，2023.9
ISBN 978-7-5395-8097-5

Ⅰ. ①洛… Ⅱ. ①斯… ②克… ③吕… Ⅲ. ①数学－儿童读物 Ⅳ. ①O1-49

中国国家版本馆CIP数据核字(2023)第005307号

LUOKE SHUXUE QIMENG 2・DIDI, XIAOQICHE LAI LE
洛克数学启蒙2・嘀嘀，小汽车来了

著　　者：[美]斯图尔特・J. 墨菲　文　[美]克里斯・德马雷斯特　图　吕竞男　译
出 版 人：陈远　出版发行：福建少年儿童出版社　http://www.fjcp.com　e-mail:fcph@fjcp.com　社址：福州市东水路 76 号 17 层（邮编：350001）
选题策划：洛克博克　责任编辑：曾亚真　助理编辑：赵芷晴　特约编辑：刘丹亭　美术设计：翠翠　电话：010-53606116（发行部）　印刷：北京利丰雅高长城印刷有限公司
开　　本：889 毫米 ×1092 毫米　1/16　印张：2.5　版次：2023 年 9 月第 1 版　印次：2023 年 9 月第 1 次印刷　ISBN 978-7-5395-8097-5　定价：24.80 元

嘀嘀，
小汽车来了

嘀！嘀！黄色汽车的喇叭震天响。

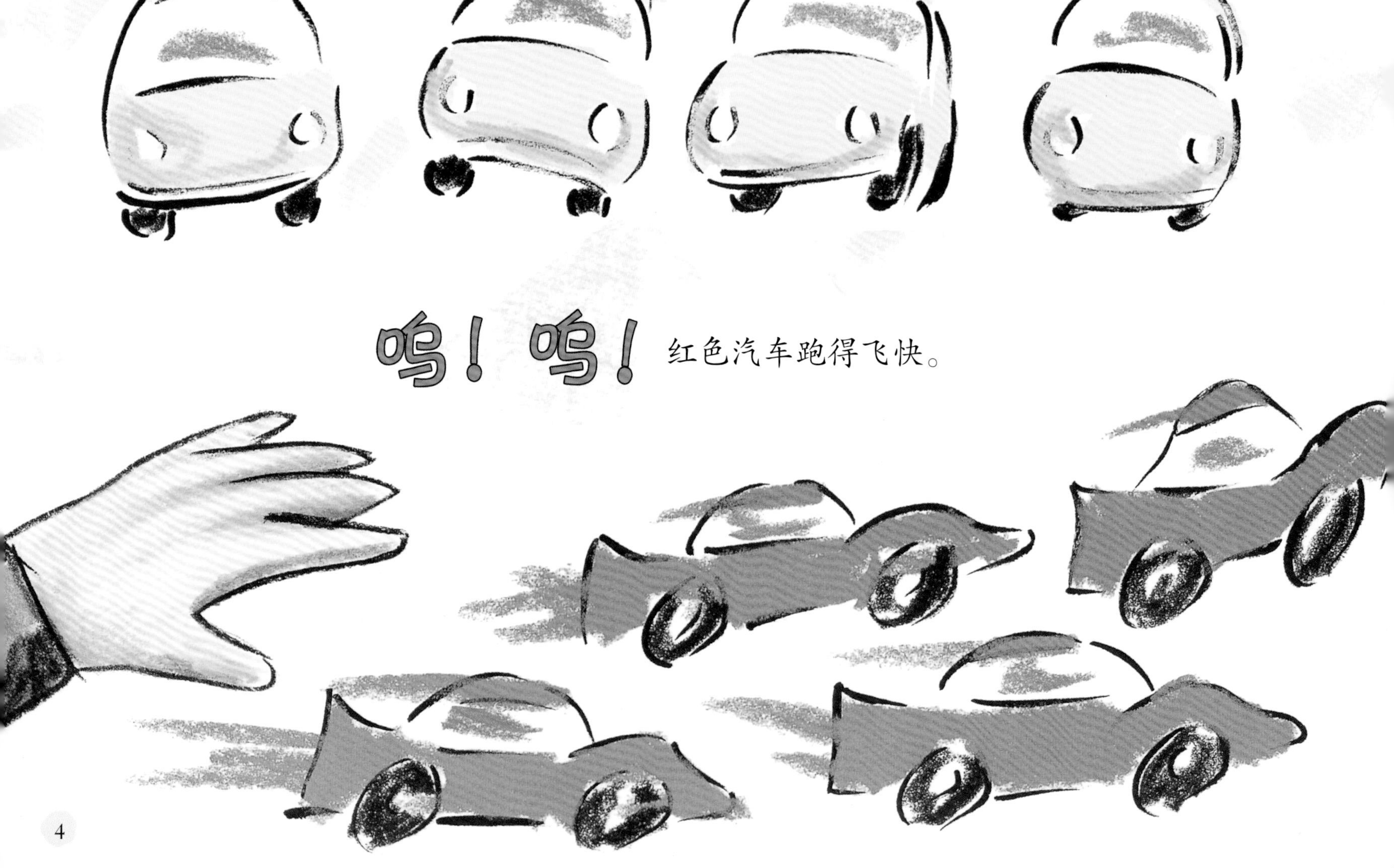

呜！呜！红色汽车跑得飞快。

蓝色汽车撞得东倒西歪。

“汽车好玩吧！”凯文得意地说，“不过大孩子才能玩。”
“我喜欢汽车！”莫莉十分羡慕。
“你太小了，玩不了我的汽车。”凯文拒绝道。

“凯文，”妈妈大声喊着，“今天轮到你来摆餐具了。”

“来啦，妈妈。”凯文不情愿地回答道。他仔仔细细地把所有汽车放回架子上，排成一条线。

“我一会儿就回来，”凯文警告莫莉说，“不许把我的汽车弄乱，所有汽车的位置必须跟现在一模一样。”

莫莉老老实实地守在一旁，直到凯文走下楼梯。
然后……

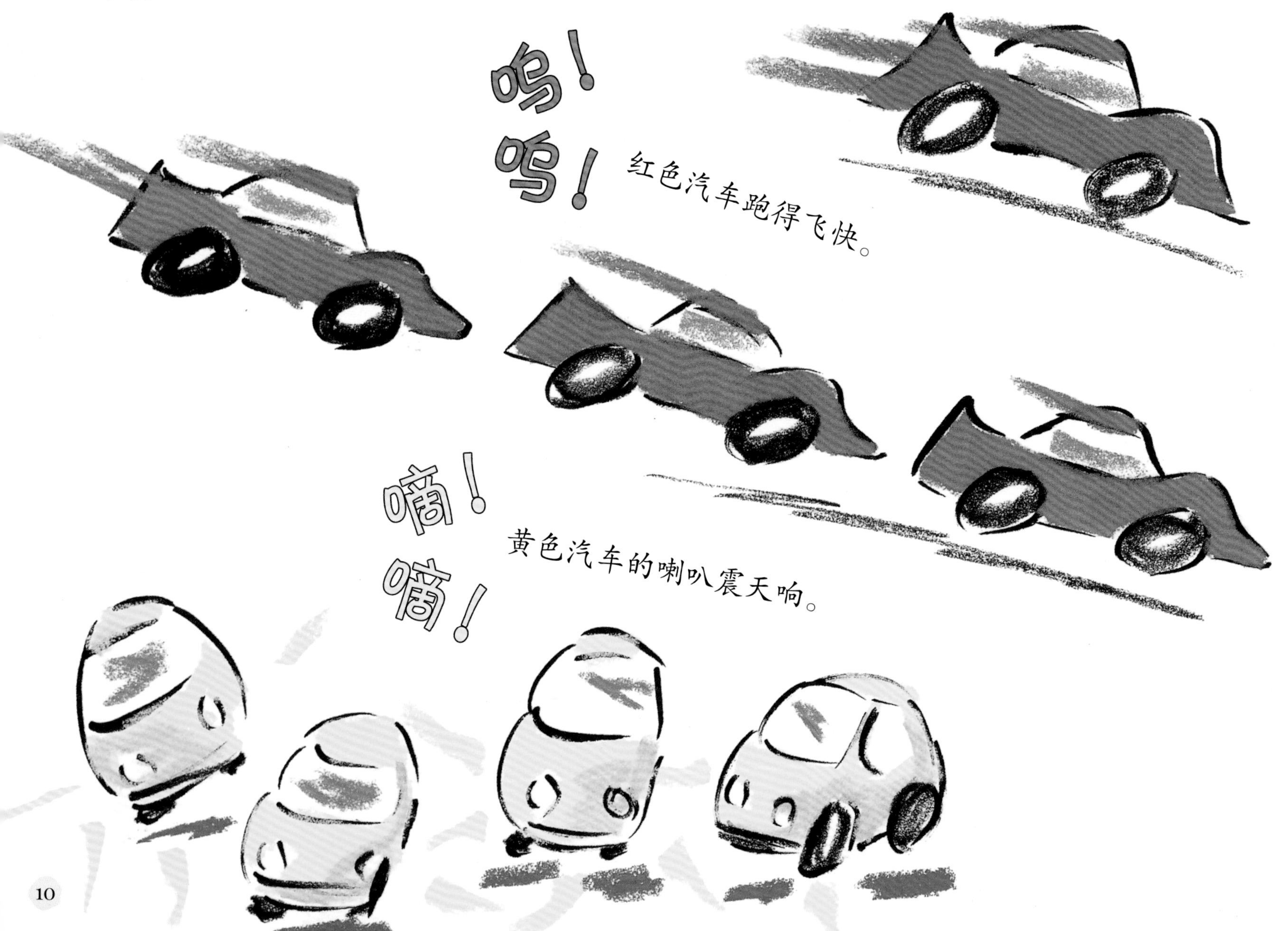

呜！
呜！
红色汽车跑得飞快。
嘀！
嘀！
黄色汽车的喇叭震天响。

蓝色汽车撞得东倒西歪。

爸爸听到楼上不停传出“呜呜”“砰砰”“嘀嘀”的响动。

“莫莉，”爸爸说，“你应该知道，没有得到凯文的允许，你不能随便玩他的汽车。凯文总喜欢按他的方式来给汽车排队。来，咱们一起把汽车放回原来的位置，好吗？”

莫莉乖乖地守在一旁，直到爸爸走下楼梯。
然后……

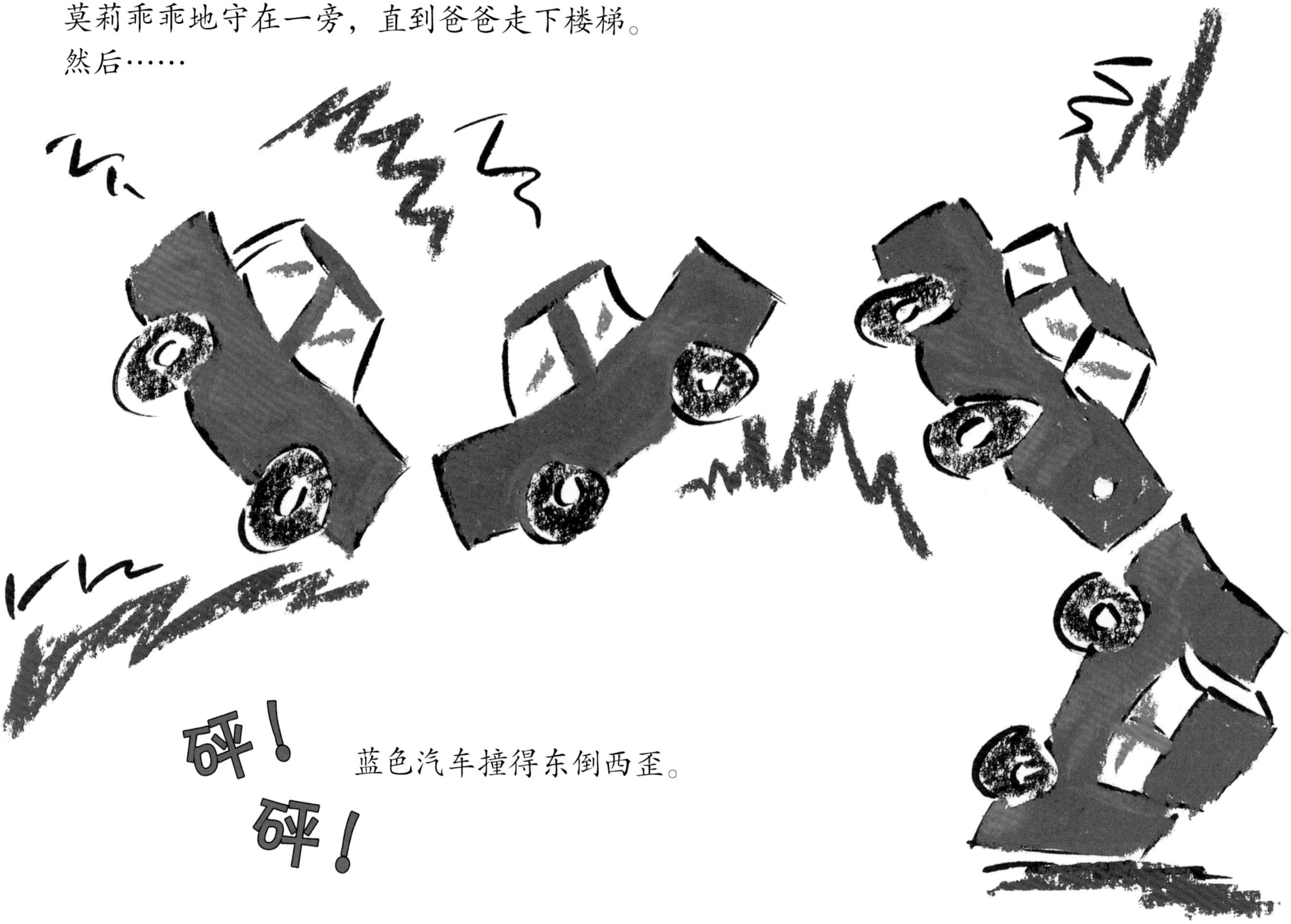

砰！
砰！

蓝色汽车撞得东倒西歪。

黄色汽车的喇叭震天响。

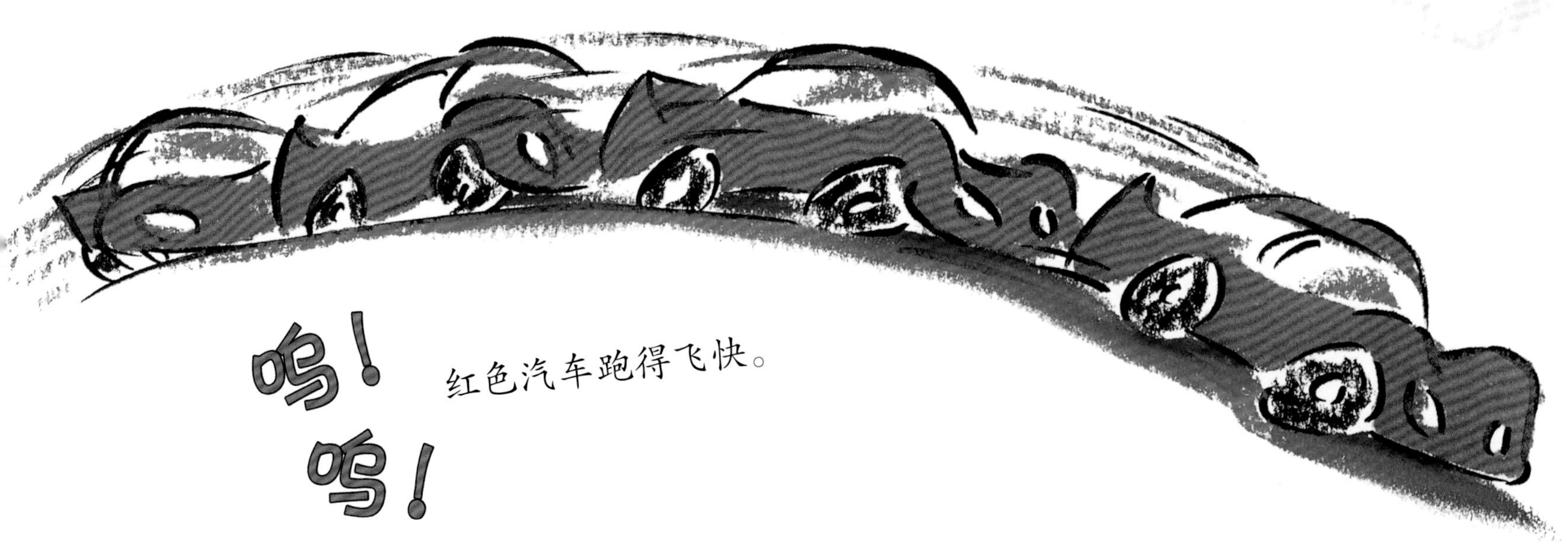

红色汽车跑得飞快。

这次，是妈妈听到了“呜呜”“砰砰”“嘀嘀”的声音。

“哎呀，莫莉，”妈妈无奈地说，“你把凯文的汽车全都弄乱了。快来，帮我把它们按凯文的方式放回去，好吗？”

莫莉静静地守在一旁，直到妈妈走下楼梯。
然后……

嘀嘀！
嘀嘀！

黄色汽车的喇叭震天响。

红色汽车跑得飞快。

蓝色汽车撞得东倒西歪。

接着，小狗迪格听到了“呜呜”“砰砰”“嘀嘀”的声音。

“汪，”迪格叫起来，“汪汪，汪汪！”迪格亲了莫莉好多下，不停地摇尾巴——可是尾巴甩得过了头。

“莫莉！”凯文的声音从厨房里传来，“你最好老实点，不要再玩我的汽车！我这就上楼啦！”

莫莉飞快地把汽车放回架子上。

她听到凯文的脚步声越来越近。
莫莉看了看汽车，好像有点不太对劲。她迅速把它们重新排了一遍。

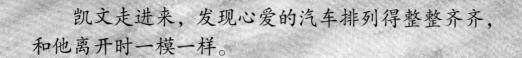

凯文走进来，发现心爱的汽车排列得整整齐齐，
和他离开时一模一样。

呜！呜！ 红色汽车跑得飞快。

嘀！嘀！ 黄色汽车的喇叭震天响。

砰！砰！ 蓝色汽车撞得东倒西歪。

“莫莉，等你再长大一点，就可以和我一起玩汽车了。”凯文说。

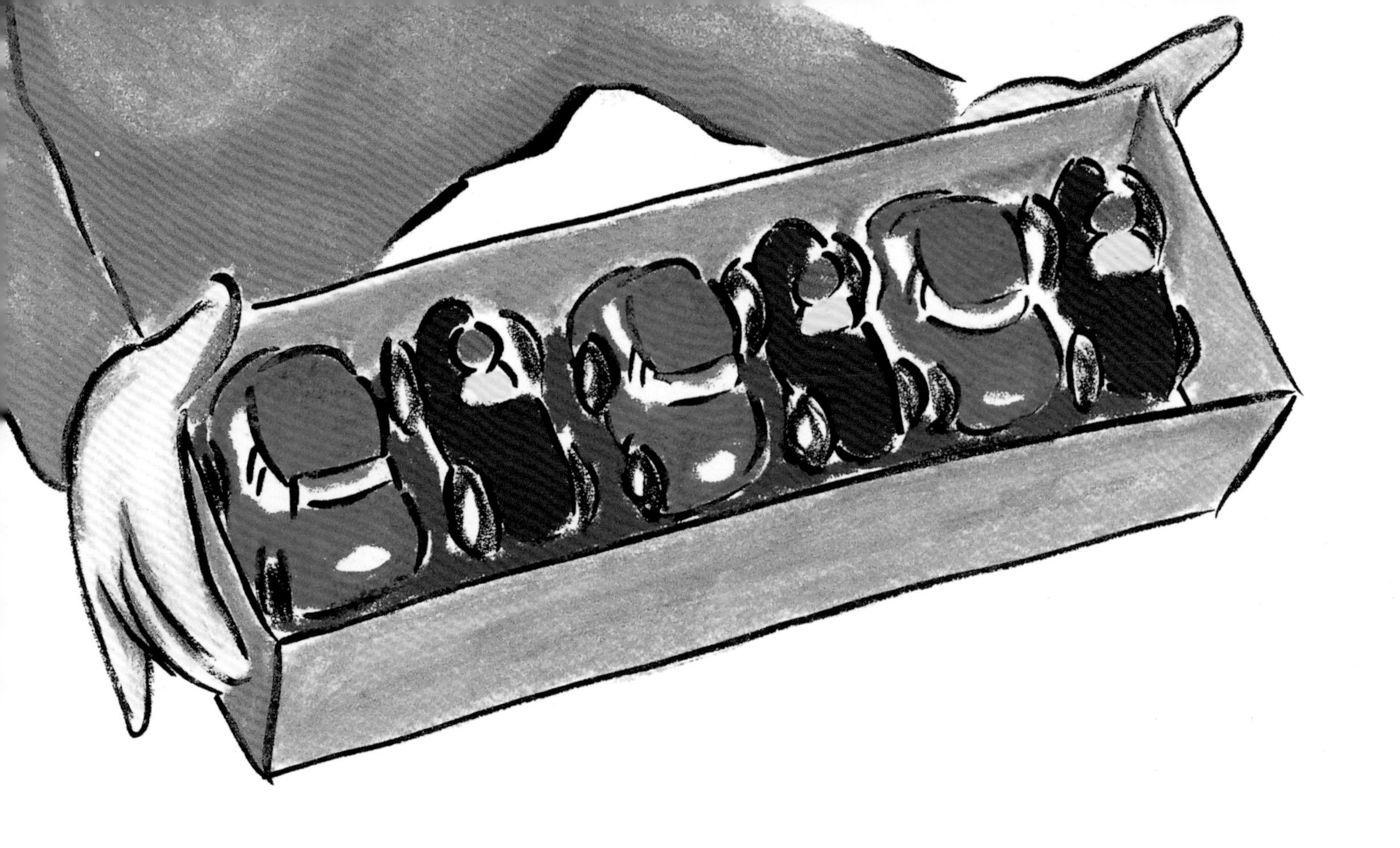

“莫莉，给你一个惊喜！”妈妈笑眯眯地站在门口，“我们原本打算，等你过生日的时候再给你买小汽车，不过，现在看来你已经长大，可以拥有这些新玩具了。”

看见漂亮的新汽车，莫莉开心地笑起来。

不一会儿……

嘀！嘀！

绿色汽车的喇叭震天响。

呜！呜！

紫色汽车跑得飞快。

砰！砰！

写给家长和孩子

《嘀嘀，小汽车来了》中所涉及的数学概念是将物体按照某种特定的、可预测的规律进行排列。识别和运用排列规律对逻辑思维的发展非常重要。

对于《嘀嘀，小汽车来了》中所呈现的数学概念，如果你们想从中获得更多乐趣，有以下几条建议：

1. 和孩子一起读故事，让孩子找出莫莉排列汽车的规律，可以根据汽车的颜色或者类型来寻找规律。

2. 再次阅读故事，鼓励孩子将玩具汽车或者彩色积木按照不同规律排列。

3. 故事中的汽车是按照颜色和类型分类排列的。除此之外，你能依据汽车喇叭发出的不同声音总结出新规律吗?

4. 让孩子将自己床上的毛绒玩具、洋娃娃或其他玩具以不同的规律排列。数一数，共有多少种不同的排列方式（例如，“大——小——大”）。

5. 把硬币按照规律排列，例如，“1 角——1 角——5 角——1 角——1 角——5 角”，或者“1 角——5 角——1 角——1 角——5 角——1 角”，并且向孩子提问：“下一个硬币该是什么呢？”引导孩子继续按照规律排列出更多硬币。你们还可以尝试其他规律，例如，“5 角——1 角——1 角”或“1 角——1 角——5 角——5 角”。

如果你想将本书中的数学概念扩展到孩子的日常生活中，可以参考以下这些游戏活动：

1. 厨房游戏：按照一定规律摆放刀、叉和勺。先让孩子描述他找到的规律，再按照规律重复摆放一两轮。

2. 规律游戏：收集一些石子等小物件。让第一位玩家排出一种规律（例如“1 颗——2 颗——1 颗——3 颗”），第二位玩家接着继续摆放。接下来，第二位玩家排出一种规律，然后让第一位玩家继续摆放。

3. 纽扣游戏：找来纽扣等小物件，按照“2 颗——4 颗——6 颗——8 颗……”的规律进行排列。问问孩子，他能否按照这个规律继续进行排列。帮助孩子理解这种新规律：尽管没有重复，但仍然可以预测后续的情况，因为每组纽扣的数量比前一组多 2 个。

洛克数学启蒙

书名	主题
《虫虫大游行》	比较
《超人麦迪》	比较轻重
《一双袜子》	配对
《马戏团里的形状》	认识形状
《虫虫爱跳舞》	方位
《宇宙无敌舰长》	立体图形
《手套不见了》	奇数和偶数
《跳跃的蜥蜴》	按群计数
《车上的动物们》	加法
《怪兽音乐椅》	减法

书名	主题
《小小消防员》	分类
《1、2、3，茄子》	数字排序
《酷炫 100 天》	认识 1~100
《嘀嘀，小汽车来了》	认识规律
《最棒的假期》	收集数据
《时间到了》	认识时间
《大了还是小了》	数字比较
《会数数的奥马利》	计数
《全部加一倍》	倍数
《狂欢购物节》	巧算加法

书名	主题
《人人都有蓝莓派》	加法进位
《鲨鱼游泳训练营》	两位数减法
《跳跳猴的游行》	按群计数
《袋鼠专属任务》	乘法算式
《给我分一半》	认识对半平分
《开心嘉年华》	除法
《地球日，万岁》	位值
《起床出发了》	认识时间线
《打喷嚏的马》	预测
《谁猜得对》	估算

书名	主题
《我的比较好》	面积
《小胡椒大事记》	认识日历
《柠檬汁特卖》	条形统计图
《圣代冰激凌》	排列组合
《波莉的笔友》	公制单位
《自行车环行赛》	周长
《也许是开心果》	概率
《比零还少》	负数
《灰熊日报》	百分比
《比赛时间到》	时间